VITICULTURE

INTRODUCTION DE NOUVEAUX CÉPAGES

Dans le département de la Loire-Inférieure.

AVANTAGES DE CES CÉPAGES

SUR CEUX ANCIENNEMENT CULTIVÉS DANS LE PAYS.

PRÉFÉRENCE A DONNER

AU

GAMAY MAGNY

Méthode succincte et spéciale de Culture et Vinification

PAR

HENRI VAN ISEGHEM

Ancien Vice-Président de la Société d'Horticulture de Nantes,
Membre du Comice central d'Agriculture du département de la Loire-Inférieure,
Lauréat de l'Exposition Universelle de Paris,
des Concours régionaux de Nantes, d'Angers, de Quimper et du Comice
central du Département.

SE TROUVE CHEZ Mlle MEURET, LIBRAIRE

RUE DE L'ÉVÊCHÉ, A NANTES.

1874

NANTES, IMPRIMERIE JULES GRINSARD, RUE DE LA FOSSE, 32.

VITICULTURE

LE GAMAY MAGNY

> Le vin alimentaire est le critérium et le régulateur par excellence de la vie sociale et intime.
> Dr JULES GUYOT.

INTRODUCTION

Il y a plus d'un demi-siècle, lorsque la France conservait encore presque tous les traits de sa vieille physionomie, un grand nombre des localités, que renferme aujourd'hui la partie viticole du département de la Loire-Inférieure, étaient privées entre elles des moindres lignes de communication ; c'est à peine alors si l'on trouvait une route, un tant soit peu praticable, pour se rendre au chef-lieu diocésain où se traitaient habituellement, pour les familles, les affaires d'un haut et sérieux intérêt.

Dans un tel état, on doit penser que le commerce, l'industrie, et surtout la vente des produits du sol, ne pouvaient, à cette époque, s'étendre au delà du cercle étroit dans lequel ces produits étaient naturellement placés.

De là cette habitude, qui s'est conservée pendant tant de siècles, pour le propriétaire, privé de voies d'exploitation, de ne cultiver de ses terres que ce qui lui était utile pour ses besoins personnels et le service de sa maison.

Le fermier, dans ces temps de stagnation, peu grevé de charges par son maître, agissait aussi de la sorte, et quand il lui fallait de l'argent pour l'acquittement de son prix de fermage, il utilisait les produits facilement transportables de la ferme, en envoyant sur le marché le plus voisin une partie de son bétail, qui s'acheminait lui-même, sans autres moyens de traction que ses forces naturelles, à travers les chemins encaissés, ombragés et boueux de ce pays, auquel on a donné, avec un certain à propos, le nom de Bocage.

Si cependant quelques communes jouissaient exceptionnellement de moyens de communication, elles ne le devaient qu'à leur proximité de la Loire et de ses affluents; mais leur nombre était si peu important, par rapport à celui des autres communes enclavées, qu'il ne changeait pour ainsi dire rien à l'état d'immobilité auquel notre pays était condamné depuis des siècles.

Depuis cette époque, les choses ont bien changé; la loi au moyen de prestations en nature, rachetables par ceux qui ne pouvaient ou ne voulaient pas y contribuer personnellement, a fourni des bras et de l'argent pour l'amélioration des routes.

Puis, en laissant aux communes la facilité, par des

centimes additionnels, de se créer des ressources, elle a favorisé les premiers travaux d'exécution.

La confection des routes stratégiques, dans ce pays où l'on avait encore à craindre la guerre civile, lui a donné des lignes de parcours importantes et d'une grande utilité.

Enfin, l'établissement des chemins de fer, d'intérêt général, qui sillonnent aujourd'hui en grande partie la France et qui mettent en communication directe les régions les plus opposées entre elles ; secondairement encore la création de nouvelles voies ferrées, dites d'intérêt local, sont autant de causes qui ont modifié le sol, en donnant partout des facilités de circulation qui n'existaient pas auparavant, ont réagi d'une manière extraordinaire et toute spéciale sur l'agriculture principalement, et ont aidé considérablement à son développement. Désormais, la consommation des produits n'était plus restreinte au lieu même de la production, l'exploitation en était facile, peu coûteuse, par suite profitable, et rien n'empêchait plus de se conformer aux goûts et aux besoins généraux de la population française et même étrangère, sans plus s'occuper de satisfaire seulement aux goûts et aux besoins d'un certain groupe d'habitants.

Pour toutes les communes de France, il y a donc une impérieuse nécessité à suivre aujourd'hui ce grand mouvement de progrès, sans quoi les plus inertes, les moins actives et les plus attachées à la routine du pays, s'exposeraient à voir arriver sur les marchés des produits d'un ordre indubitablement supérieur, dont la concurrence serait un obstacle à la vente de ceux de la localité, et causerait plus tard la ruine du pays.

N'avons-nous pas déjà vu dans ce département, il y a même peu années, cette fâcheuse concurrence réagir sur le prix de nos vins qui, malgré leur abondance dans des années successivement bonnes et malgré la faiblesse de leurs prix, sont restés sans débouchés, notamment pour l'espèce dite muscadet, dont l'écoulement ne peut guère avoir de cours que dans le pays de la production (1).

Pour remédier à ce grave inconvénient, qui finirait par absorber toutes les fortunes viticoles, je vais essayer d'indiquer, pour la viticulture seulement, de laquelle j'ai fait une étude spéciale. quels sont les moyens à prendre pour retirer cette branche importante de notre agriculture de l'état fâcheux où elle se trouverait indubitablement un jour.

Ces moyens consistent principalement à faire choix de nouveaux plants, produisant une qualité de vin d'un ordre supérieur à ceux cultivés dans le pays, d'un rendement extraordinaire ; à réduire, autant que possible, la surface de terre sur laquelle seront placés ces plants, de manière à diminuer les frais de culture ; et à stimuler le sol par des fumures excessives, ces agents principaux de la grande production.

---

(1) Si dans l'instant présent nos vins muscadets ont acquis un prix si élevé qui surprend tout le monde et qui semblerait contredire tout ce que je viens d'avancer, c'est qu'on doit ce haut prix à l'immense désastre qui a frappé d'un seul coup, au printemps dernier, presque tous les vignobles de la France et a réduit à une quantité exceptionnellement faible le produit de nos vignes. La récolte locale étant insuffisante pour la consommation routinière du pays, et aucun approvisionnement n'existant dans nos celliers, les prix du vin ont pu s'élever dans une proportion énorme et extraordinaire.

On objectera, sans doute, que c'est abuser de la fécondité de la vigne que de lui demander de si abondants produits. Que nous importe, après tout, la durée de son existence si, dans trente ans d'exploitation, elle a produit sept ou huit fois la valeur du sol dans lequel elle est plantée. N'y aura-t-il pas là, d'ailleurs, par la prévoyance du propriétaire, la vigne toute prête qui doit remplacer l'ancienne vigne épuisée par la production ?

C'est là au surplus sur quoi repose tout le système de la culture intensive, si préconisée par les gens surtout qui en ont cueilli tous les précieux avantages, et si nécessaire dans nos pays où les bras manquent à l'agriculture, où le prix des salaires devient si élevé, où le sol lui-même prend une valeur plus grande de jour en jour.

Avant d'entrer dans tous les détails que comporte une semblable culture, qu'il me soit permis de faire connaître les motifs qui m'ont plus spécialement porté à suivre cet ordre de progrès.

L'idée de planter, sur le domaine de la Caillère, que je possède dans la commune de Bouguenais, près de Nantes, des cépages produisant un *vin rouge* plus hygiénique et en même temps plus productif que les vins blancs muscadets de la localité, m'a été suggérée d'abord par un intérêt tout personnel ; puis, j'ai pensé qu'en travaillant pour moi je pouvais tout à la fois être utile aussi aux consommateurs et aux producteurs qui voudraient entrer dans la voie du progrès, en leur communiquant, pour leur édification, les résultats que j'aurais acquis aux dépens de ma propre expérience.

Ne pouvant rien changer aux conditions atmosphériques dans lesquelles notre région se trouve placée, le premier soin que je devais apporter à cette sorte de régénération était, avant tout, de choisir une espèce de plant qui pût se faire facilement à notre température et donner l'espoir, presque certain, de voir le fruit arriver constamment à une maturité convenable.

Bien des essais avaient déjà été tentés, mais sans succès, parce qu'on avait cherché les plants d'introduction dans des zônes trop méridionales, tandis qu'il fallait les prendre dans un pays dont le climat avait une certaine analogie avec le nôtre.

Ce fut en l'année 1861 que je me mis à l'œuvre. A cette époque, le regretté M. Caillaud prêchait une espèce de croisade contre les vins de pays, et il disait à tous ceux qui voulaient l'entendre :

« Voulez-vous vous affranchir du monopole qu'exer-
» cent ici les vins de Bordeaux avec une persévérance
» plus que séculaire, prenez mes plants, venez au Bois-
» Branlard, et je vous communiquerai les renseignements
» que je tiens à votre disposition. »

Ce n'était pas assez pour moi que des paroles simplement encourageantes, je voulais encore être plus assuré de la possibilité de voir fructifier, sur le sol de ma propriété, dans une proportion essentiellement plus large, plus étendue, les nouveaux plants que je devais lui confier.

Les essais faits par M. Caillaud, dans sa tenue du Bois-Branlard, avaient en effet été tentés sur une trop petite échelle; la nature du sol et la position de la propriété, entourée de toutes parts par des arbres d'une haute végétation, rendaient ce sol, essentiellement argileux et compacte, impropre à assurer, surtout quant à la qualité, le plein succès de ses expérimentations.

D'ailleurs, la quantité de vin qu'il avait retirée de ces plants mélangés, était si réduite, qu'il devenait presque impossible, pour la conduire à bien, de lui donner les soins d'entretien et de conservation nécessaires.

Il me fallut donc chercher ailleurs une autorité plus convaincante et qui me laissât le moins de doute possible sur le succès de cette entreprise, à laquelle je portais un véritable intérêt.

M. Minguet, ancien notaire à Carquefou, avait introduit dans sa propriété de la Rimbertière, commune de Saint-Mars-du-Désert, en ce département, quelques années auparavant, un plant produisant du vin rouge de qualité suffisante. Je me mis en rapport avec lui et les résultats que je constatai ne purent que m'encourager à tenter l'expérience que je projetais.

Le journal *le Sud-Est,* qui se publiait alors et se publie encore aujourd'hui à Grenoble, m'encouragea dans la marche que j'avais à suivre, par des exemples analogues à ma position.

Je trouvai encore dans M. Jacquier de Vacheron, jeune et riche propriétaire, possédant d'immenses vignobles au château de la Garde, commune de Saint-Véran, arrondissement de Villefranche (Rhône), une personne pleine de générosité, d'un esprit cultivé, et disposée par goût et par excès de philanthropie à favoriser toute espèce de culture, grande ou petite, qui pouvait tourner, comme il le disait, au profit et à la gloire de notre belle France viticole.

Il est bon de faire remarquer, avant de pénétrer plus profondément dans les détails qui vont suivre, qu'au lieu de fixer mon attention sur des plants de la Bourgogne, donnant des vins de hautes qualités, rares même dans le pays, et qui pouvaient devenir impossibles dans le nôtre, je crus devoir diriger plus convenablement et d'une manière plus modeste, mes regards sur des espèces intermédiaires, donnant néanmoins des vins généreux, mais d'une culture, d'une maturité de fruits plus faciles à obtenir, et cadrant plus identiquement avec la maturité la plus ordinaire des raisins de notre sol.

Dans cet ordre de chose, je donnai immédiatement la préférence, surtout d'après les appréciations de M. Jacquier de Vacheron, consulté à cet effet, à une espèce naturellement plus rustique, d'une culture et d'un produit moins soucieux de soins (1).

Le Gamay Magny me fut désigné comme, de toutes les espèces de cette famille nombreuse des petits Gamays, dont le sol du Beaujolais est aujourd'hui couvert, celle

---

(1) Depuis lors le mérite de ces appréciations a été vérifié. Voici ce que dit, en effet, le docteur Jules Guyot dans son rapport adressé au ministre de l'agriculture sur la *Viticulture du département de la Loire-Inférieure* (page 131), en parlant de sa constitution géologique, de son climat :

« Tous ces sols sont d'une rare fertilité et présentent tous des rampes, des côteaux, des plateaux et des sols admirables pour la vigne : *c'est èvidemment le petit Gamay du Beaujolais qui devrait dominer dans le département et qui en ferait la fortune.* »

Et plus loin, en parlant de la propriété de la Caillère, il dit dans le même rapport, comme s'il avait la réalisation du vœu qu'il exprimait :

« A Bouguenais, nous avons visité les vignes de M. Van Iseghem,

qui devait me présenter le plus d'avantages sous tous les rapports, réussissant complétement même dans les terres pauvres, et peu profondes, exigeant peu de fumure, d'une grande fertilité et se réparant facilement après les dégâts de la gelée.

C'est donc presque uniquement à cette seule espèce que j'ai consacré tous mes soins et je l'ai acceptée comme le type unique de ma nouvelle culture.

Mon intention, en livrant au public le résultat de mes expériences, n'est point de faire un traité général de la culture de la vigne; cette matière qui soulève tant d'intérêts et à tant de points de vue différents a été traitée d'une manière supérieure par des personnes très-compétentes et dont l'intelligence a su tirer, au profit de la science, tout ce qu'elle renferme de plus précieux et de plus utile. En me plaçant sur le même terrain, ce serait vouloir glaner dans un champ dans lequel il ne reste plus rien à prendre; seulement j'ai cru qu'en donnant connaissance aux propriétaires et cultivateurs du département de mes moyens de culture et de vinification, ce serait leur éviter, par la connaissance des faits, des tâ-

---

vice-président de la Société d'Horticulture de Nantes; là se trouvaient réunis un grand nombre de membres de cette Société, ainsi que son président M. Couprie. M. Van Iseghem nous a fait voir de très-belles jeunes vignes en Gamay de Magny, cultivées à doubles branches à fruits et donnant des *vins rouges très-bons* et tout à fait analogues à ceux du Beaujolais *constituant une étude précieuse pour le pays, tant pour la quantité que pour la qualité.* »

Ces paroles du grand maître m'ont été douces à recueillir et elles ont été pour moi un grand appui dans les épreuves par où j'ai passé quelquefois.

tonnements et des essais très-souvent infructueux et dont on ne peut obtenir de bons résultats qu'avec le temps et des frais toujours à regretter.

Si, dans ce simple et modeste opuscule, je viens à parler quelquefois du docteur Jules Guyot, c'est que pour moi cet homme éminent que la science vient de perdre, à un âge encore peu avancé, alors qu'à ses nombreux services il pouvait encore en ajouter tant d'autres, était le type le plus parfait des rares hommes lettrés, dont la viticulture s'honore et l'un des plus capables de répandre son enseignement.

Et encore, si je cite souvent la terre classique du Beaujolais, ses provenances, ses moyens pratiques de culture et d'œnologie, c'est, que pour me convaincre de leurs bons résultats je l'ai dernièrement parcourue, et qu'elle est en outre le berceau du plant que nous préconisons.

CONSIDÉRATIONS GÉNÉRALES

Climat. — Sous tous les climats, le sol qui peut voir les fruits des plants qui lui ont été confiés atteindre une maturité convenable, successivement pendant plusieurs années, est propre à la plantation de la vigne. C'est là le critérium infaillible, et la condition à vérifier préalablement à toute plantation importante ; sans cette condition, aurait-on par ailleurs les dispositions les plus favorables du sol, on n'obtiendrait évidemment que des vins impossibles pour la consommation.

Il faut donc avant tout jouir d'une température qui permette à la vigne, non-seulement de se développer largement, mais encore qui lui donne les moyens de voir les fruits arriver à la maturité qui fait la qualité du vin.

Suivant la classification faite par un auteur digne de foi, dont l'expérience est due à des essais nombreux, multipliés sous bien des formes et dont l'existence a été longue assez pour les constater, (je veux parler de M. le comte Odart, auteur de l'*Ampélographie universelle*), le département de la Loire-Inférieure a été rangé au nombre des départements vitifères compris dans la région occidentale, bornée au Nord par les coteaux de la Loire. Au delà de cette ligne, la vigne donne seulement une puissance de bois, mais rarement la maturité aux fruits.

Par ailleurs, son tableau synchronique de la maturité des raisins nous met, pour le plant nouveau de Gamay Magny que nous introduisons, en des rapports identiques avec la maturité de notre vieux plant de muscadet, aujourd'hui à remplacer.

D'après ces observations, que la science pratique indique comme des faits acquis, on peut donc avec toute assurance planter de la vigne dans la partie sud du département, et ranger ses produits au nombre des choses essentiellement possibles. Les vieux cépages attachés séculairement à son sol en donnent la preuve la plus évidente, et les nouveaux que nous cherchons à introduire, depuis quelques années, pour améliorer la culture, ne peuvent que confirmer ce fait, que nous allons d'ailleurs démontrer.

Sol. — Pour obtenir un sol convenable à la plantation de la vigne, il est indispensable que le fond soit sain, c'est-à-dire qu'il ne soit pas refroidi par des infiltrations d'eau qui le pénètrent de toutes parts et favorisent la végétation des joncs et autres plantes parasites et marécageuses.

Il faut aussi une terre perméable et nourrissante par

elle-même, qui permette aux racines de la vigne de s'étendre à l'aise et de pénétrer largement dans toutes les parties du sol qui sont abandonnées à sa culture. Des terres trop profondes conviennent moins que des terres plus superficielles : les premières ont l'inconvénient d'entretenir la fraîcheur au pied du cep à des profondeurs nuisibles, tandis que les autres, avec des couches moins épaisses, ne conservent que la fraîcheur qui lui est nécessaire.

Entre toutes les terres qui nous paraissent dans les conditions les plus avantageuses à ce genre de culture, nous conseillerons de préférence celles qui reposent, dans nos contrées, sur un sol schisteux (le *micaschiste*, par exemple), parce que la décomposition de cette roche contient des éléments favorables à la vigne, et que les dispositions de ses couches étant généralement perpendiculaires à la surface du sol, permettent aux racines filamenteuses de la vigne de s'y introduire sans arrêter la végétation, comme dans les terrains granitiques, où les couches rocheuses sont plus généralement horizontales ; telles sont, dans ces excellentes conditions, les terres reposant sur les coteaux de la Sèvre, dans toute sa partie viticole, terres qui donnent les meilleurs vins du pays.

Les terres argileuses légèrement pénétrées de matières ferrugineuses, et divisées par des fragments de roche amphibolique, comme au Pallet, sont aussi favorables à la culture de la vigne.

Tous les sols essentiellement composés d'argile pure sont généralement moins bien disposés pour assurer une bonne production, parce qu'ils sont presque tous imperméables et qu'ils entretiennent une humidité que la vigne n'aime pas, surtout au moment de sa fructification et de la maturité de son fruit.

Les sols silico-argileux n'ont pas les mêmes inconvénients, parce que l'argile qui entre dans leur composition est divisée par des sables fins qui permettent à l'eau de s'y infiltrer et d'arriver à des profondeurs que les racines ne peuvent atteindre.

La vigne vient pourtant très-facilement sur des sols granitiques ; elle y développe des fruits qui arrivent aisément à une bonne maturation ; mais dans les années sèches la souche souffre de l'excès de la chaleur et les raisins ne parviennent qu'à des grosseurs de grains peu favorables à la quantité de produit et qui n'ont pas, comme on pourrait le croire, une qualité véritable, attendu que la sève, n'ayant plus les mêmes stimulants de végétation, s'est arrêtée trop tôt et n'a pas laissé à la maturité le temps qu'il lui fallait pour arriver complète, à la récolte.

Nous ne parlons pas des terres reposant sur des roches calcaires, parce que le département appartenant presque tout entier à des formations primitives, possède peu de terres de la nature de celles-ci, et que la quote-part qu'elles peuvent apporter dans la production générale des vignes dans notre pays serait à peine appréciable. Néanmoins, si quelques propriétaires, dont le domaine serait établi sur des terrains de cette nature, songeaient à faire des plantations, nous leur dirions qu'ils sont dans les conditions favorables aux plantations que nous conseillons ; c'est avec ces éléments de fertilisation qu'est constituée une grande partie du Beaujolais, dont nous cherchons à atteindre un jour les qualités de vin.

Choix de l'emplacement. — Exposition. — On doit donner la préférence aux terrains légèrement inclinés vers le sud, afin de mieux absorber les rayons du soleil et dans les conditions de sol les meilleures que nous avons indiquées. Les pentes de 12 à 25 degrés sont les plus convenables; de plus fortes auraient pour principal inconvénient de trop favoriser l'écoulement des eaux et d'appauvrir le sol en lui enlevant des parties terreuses qu'il lui convient de conserver.

Cet emplacement doit être situé, autant que possible, au milieu d'un champ ou d'un clos qui n'a pas encore été planté en vignes; être aéré de toutes parts, afin de n'être pas abrité par des arbres dont le rapprochement pourrait produire une ombre qui ferait couler les fleurs, et afin que l'étendue des racines ne viennent pas disputer à la vigne ses fumures qu'elle doit absorber seule et sans concours.

Il ne s'ensuit pas de ce que nous venons de dire que le propriétaire, qui ne possède que des terrains plats et nullement inclinés, doive renoncer à l'établissement d'une vigne; quoiqu'ordinairement les vins des coteaux soient meilleurs que ceux des plaines, il existe beaucoup d'exceptions remarquables et même dans des vignobles de haute réputation; mais alors il faut en modifier quelquefois la culture, en dégageant le sol de tout ce qui peut faire obstacle aux rayons du soleil, et placer la vigne à une hauteur suffisante pour la préserver de l'humidité et la rendre moins sujette aux fraîcheurs du printemps.

Défonçage. — Pour que la vigne puisse produire et se développer à son aise, les défonçages ne sont pas essentiellement utiles ; au contraire, ils sont nuisibles à la constitution du cep, si on les conduit à une trop grande profondeur. Les meilleures racines, celles qui fonctionnent le plus énergiquement, sont celles qui partent à 0^m 15 ou 0^m 20 sous terre, et qui là sont stimulées par la température extérieure à leur sommet. D'ailleurs les défonçages, quand ils sont profonds, occasionnent toujours des frais qui, dans quelque terrain qu'ils soient, sont coûteux et dont la dépense dépasse toujours le prix de la plus-value de la récolte qui peut résulter de cette opération très-éventuelle.

Il suffit que la couche de terre, avant d'atteindre le rocher qui lui sert de sous-sol, ait une épaisseur de 30 à 40 centimètres pour que la vigne, avec des fumures assez rapprochées, donne de bons résultats.

PLANTATION

CULTURE ET VINIFICATION

PREMIÈRE ANNÉE.

Le terrain ayant été préalablement bien disposé par des labours nombreux et successifs dans des terres neuves, ou soumises précédemment à une culture améliorante, il ne s'agit plus alors que de mettre les plants en terre, en suivant les diverses dispositions que nous allons indiquer.

Plants et Boutures. — Trois procédés différents se trouvent en présence pour arriver au résultat que nous nous proposons :

La plantation en boutures ou crossettes ;

La plantation en boutures soumises préalablement à l'action de la stratification ;

Et la plantation avec des plants enracinés.

Le premier de ces procédés est d'une application facile : il s'agit simplement de mettre en terre, deux par deux, les boutures que l'on aura choisies dans la taille de l'année, à l'aide d'un pieu en fer ou en bois dur, enfoncé verticalement de 40 à 50 centimètres en terre, par un ou plusieurs coups de maillet, en ayant soin d'élargir le trou que ce pieu aura formé, de manière à pouvoir, lorsque les deux plants y auront été placés, y introduire la quantité de terreau propre à en stimuler la végétation. A défaut de ce terreau, on versera sur chaque trou, non encore tassé, un litre de purin, et on refoulera ensuite la terre autour du pied. Lorsque la plantation est faite, toutes les boutures doivent être raccourcies sur l'œil le plus près de la terre, et l'on doit couvrir cet œil et le sarment qui le surmonte d'une épaisseur de 02 centimètres de sable ou de terre fortement ameublie.

Cette sorte de plantation serait celle qui offrirait des conditions d'existence les plus durables, parce qu'elle constitue immédiatement un arbrisseau parfait, ayant son mésophyte (1), ses racines et sa tige, sans que la plantation ait à lui faire subir une mutilation ; néanmoins, nous ne la conseillerons qu'avec une certaine réserve, parce que dans les années sèches, que l'on ne peut prévoir, une grande partie des boutures s'étiolent avant d'avoir pu prendre des racines nourrissantes, et meurent avant l'automne, ou bien sont dans un état de végétation regrettable, qui nécessite leur remplacement l'année suivante.

Le deuxième procédé offre de plus fortes garanties et est pratiqué par un grand nombre de cultivateurs ; il consiste à ne mettre en terre que des plants en cours de végétation, et dont on a forcé la production des racines

---

(1) Ligne de démarcation entre la tige et la racine d'une plante, autrement dite collet.

au moyen de la stratification, ou *brossage* dans le pays, par analogie au groupe des radicelles qui se produit autour du nœud et lui donne l'apparence d'une brosse.

Stratification. — Cette opération se fait en se servant, comme au procédé précédent, de sarments de la taille de l'année. Ces sarments, qui ont été mis en réserve dans des lieux humides et un tant soit peu boueux, sont rognés immédiatement au-dessous du nœud inférieur, le plus rapproché de la souche, et raccourcis à leur extrémité supérieure, de manière à leur donner une longueur totale de 50 à 55 centimètres, soit 25 centimètres pour la partie mise en terre, et le reste pour la partie hors du sol. Quand les brins de sarment ont une longueur de plus d'un mètre, on peut en faire deux boutures, l'expérience ayant démontré que la partie supérieure n'a pas une valeur beaucoup moindre que celle de la partie inférieure. Cependant, cette dernière doit être préférée à l'autre, parce qu'elle résulte d'un bois plus fait, plus noueux et moins moëlleux.

Le rognage des plants ainsi terminé, on dispose les sarments de manière à faire de petits paquets d'une cinquantaine de brins; on les réunit fortement ensemble au moyen de deux ligaments généralement en osier, de manière à ce que toutes ces boutures, à la partie inférieure, soient sur la même ligne.

Si le moment où doit avoir lieu naturellement la végétation de la vigne, n'est pas encore arrivé, on placera ces paquets ainsi formés, debout à l'endroit où on les avait pris précédemment, en ayant soin de mettre une pelletée de terre à la partie supérieure, afin de maintenir à l'intérieur la fraîcheur des plants.

Quand la vigne travaille et que le mouvement de la sève se manifeste par des bourgeonnements, c'est l'instant de mettre les paquets en terre, et de les soumettre à une sorte de fermentation artificielle qui pousse plus vite au développement des radicelles. Pour cela il faut avoir fait, quelques jours auparavant, des fosses dans une terre bien ameublie, bien abritée, bien exposée au soleil. Ces fosses devront au moins avoir en largeur la longueur des paquets de boutures, soit 50 à 55 centimètres, et une profondeur égale au diamètre du paquet.

Lorsque le fond de chaque fosse et les terres qu'on en aura retirées seront bien chauffés par le soleil, on y déposera les paquets en plaçant la partie inférieure en rapport direct avec ses rayons.

Quand la fosse sera remplie, on couvrira d'une couche de terre de 20 à 25 centimètres d'épaisseur les paquets avec le reste de la même terre, afin d'empêcher à l'intérieur des plants l'introduction d'une chaleur desséchante, qui ne doit agir directement qu'à la surface du sol.

Les sarments, soumis à cette sorte d'opération, doivent rester dans cet état pendant un nombre de jours plus ou moins grand et que l'on ne peut déterminer à l'avance, parce que le soleil, ce grand agent de la fermentation, en est seul le régulateur.

Néanmoins, après les dix premiers jours, et quelquefois plus tôt, il est bon de s'assurer sur un paquet du degré d'avancement dans lequel se trouvent les plants, relativement au développement des racines. Si la chaleur a trop d'intensité, et si conséquemment le temps est trop sec, de légers arrosages, en plein midi, seront nécessaires.

Aussitôt que les racines qui s'annoncent d'abord par de petits points blancs à la circonférence du nœud, ont pris un développement assez considérable, de manière à avoir une longueur de 1 à 2 centimètres, c'est alors le moment de mettre en terre.

Nous avons fait nos plantations avec des sarments ainsi stratifiés.

Le troisième procédé s'opère en se servant des sarments mis en pépinière l'année précédente, et dont les racines généralement bien établies donnent à la plantation les assurances d'une réussite plus complète.

Cependant nous ne le conseillerons pas de préférence au précédent; parce que d'abord il retarde cette plantation d'un an, et qu'ensuite les racines du plant qu'on est dans l'obligation de rogner, à cause de leur étendue, occasionnent dans la reprise un retard également fâcheux.

Ces plants sont bons pour remplacer ceux qui ont péri l'année précédente, c'est dans ce cas qu'ils jouissent de leur avantage comme plant déjà naturellement constitué et en possession d'une partie de ses phases vitales.

Plantation. — Nous allons faire connaître maintenant les moyens pour mettre ces plants en terre, suivant l'étendue du terrain qu'on veut consacrer à la plantation. Je ne crois pouvoir faire mieux pour cela que d'indiquer ceux que j'ai employés à la Caillère, lors de ma première année de plantation.

Voici les dispositions auxquelles je me suis arrêté.

Afin de laisser au plant qui avait donné lieu à mes préférences, le mérite de justifier lui-même les avantages qu'il promettait, j'ai fait choix au milieu du plus grand de mes clos d'une surface de terrain un tant soit peu rocheuse, inclinée vers le sud, représentant la figure d'un parallélogramme, ayant d'un côté 33 mètres et de l'autre 85 mètres, contenant une surface de 28 ares carrés que j'ai divisés en seize parties ou seize planches. Sur chacune de ces planches j'ai établi cinq rangs de plants de vigne, distants les uns des autres d'un mètre sur chaque sens, de telle sorte que, prenant le pied pour le centre de la circonférence, on puisse décrire un cercle dont le rayon soit de 50 centimètres, représentant la surface que chaque cépage peut occuper sans aller prendre sa nourriture dans l'emplacement réservé à son voisin. La partie supérieure de chaque rang de plant devra être orientée vers le nord, et la partie inférieure vers le sud, de manière qu'à midi, lorsque le soleil aura atteint son plus haut degré d'élévation, il pourra échauffer le sol de toute la force de son intensité en ne laissant d'autre ombre sur la planche que celle que peut donner le feuillage des vignes après le palissage.

Des trous de 30 centimètres carrés sur 25 de profondeur ont été pratiqués dans le sol, dans chacun desquels on a placé, avec ménagement, un plant, afin de ne point atteindre ses racines fragiles, obtenues au moyen de la stratification. Ces trous ont été ensuite rebouchés d'abord avec une petite quantité de terreau posée légèrement sur les racines, et ensuite avec la même terre qui en avait été retirée avant l'introduction du plant. On refoulera ou on tassera ensuite la terre autour du pied pour conserver la fraîcheur du sol.

Quand la plantation est terminée, une légère parure, ou *ragalement,* devient nécessaire pour faire disparaître les petites éminences qui sont restées attachées au sol, et ameublir les endroits que la fréquence du passage des pieds aurait trop fortement comprimés.

Cette mise en terre a eu lieu le 23 mai, aussitôt que les boutures, soumises à la stratification, ont été pourvues de radicelles suffisantes.

Le succès de la végétation dépend beaucoup de la température de l'année ; si elle est humide, avec la chaleur de la saison, il se produit une fermentation qui favorise considérablement le développement de la racine et du bois. Il est rare qu'une année sèche ne détruise pas une partie de la plantation qu'il faudra *ressoler,* suivant l'expression de pays, ou replanter, l'année suivante. Pour obvier, autant qu'on le peut, à ce mal, on multipliera les binages et les sarclages, afin d'entretenir plus longtemps la fraîcheur du sol et prévenir conséquemment des pertes plus considérables.

Béchages. — Les béchages sont faits à la pelle, à une profondeur seulement nécessaire pour obtenir le revirement de la terre et l'enterrement des herbes qui s'y trouvent superposées.

Beaucoup de personnes, M. le docteur Jules Guyot est de ce nombre, pensent que l'on doit, dans les façons à donner à la vigne, éviter les béchages qui, d'après lui, quelque peu profonds qu'ils soient, sont toujours dangereux, en ce qu'ils détruisent une quantité assez considérable de racines essentiellement utiles à sa végétation.

Il préfère au béchage, le binage et le sarclage. Le premier consiste en une façon légère à la surface du sol, c'est-à-dire à remuer légèrement la terre à l'aide d'une binette, pour rafraîchir seulement le pied des plants et y faire pénétrer l'air et la chaleur qui activent la végétation ; l'autre, le sarclage, a pour effet de nettoyer le sol dans lequel la vigne végète, en enlevant à l'aide de la main ou d'un petit outil appelé sarcloir, les mauvaises herbes qui pourraient nuire.

Ces sarclages et binages, ordinairement au nombre de trois, doivent être portés à six, s'il le faut, pour débarrasser le sol de toutes plantes étrangères : si les grandes herbes privent la vigne de respiration et de chaleur, les plus petites maintiennent sur le sol une humidité nuisible, et empêchent l'aérage et l'insolation de la terre.

La vigne n'a besoin que d'une culture superficielle, nécessaire à l'entretien de la propreté et à l'azotage de 4 à 5 centimètres de terre ; une culture plus profonde ne convient pas à la vigne qui s'accommode mieux d'une terre ferme et foulée que d'une terre légère et souvent remuée.

Culture à la charrue. — La difficulté de trouver aujourd'hui dans les campagnes des bras assez nombreux pour cultiver aisément la vigne, c'est-à-dire suivant ses exigences et ses besoins, porte beaucoup de propriétaires à se servir de la charrue mise en mouvement à l'aide d'un cheval, méthode à l'introduction de laquelle je suis loin de faire la moindre opposition, et que je conseillerais au contraire, mais à laquelle j'apporterais toutefois quelques réserves. La plus importante pour moi, c'est que tous les terrains ne sont pas propres à l'application de ce système. Dans les sols fortement en pente, dans des terrains rocheux, le sillonnage de la charrue devient impossible en raison des lignes de vignes trop fortement inclinées et souvent pas assez longues pour le tournant de la charrue, qui demande pour ce mouvement un espace libre et suffisant.

L'application de ce système de culture ne peut avoir lieu que dans les champs d'une déclivité de sol peu forte et d'une nature de terre assez profonde et facile à diviser par le soc de la charrue.

Dans le Beaujolais, que j'ai parcouru récemment, ce moyen de cultiver la vigne est peu pratiqué ; tous les béchages se font à la main, ce n'est que dans les terrains alluvionnaires comme ceux qui bordent le cours de la Saône et du Rhône, qu'on emploie la charrue avec avantage.

Dans ce cas il faut laisser, entre chaque ligne de vigne que l'on doit doubler, un espace suffisant pour la culture des plantes qu'on désire y introduire. La vigne alors n'a pas besoin d'une fumure spéciale : la puissante fertilité du sol et les engrais apportés pour l'ensemencement de ces plantes, suffisent pour entretenir la vigne dans une heureuse fécondité. Mais ces sortes de plantations ne peuvent constituer un vignoble. Il faudrait une surface de terrain trop considérable pour assurer à un propriétaire aisé un revenu suffisamment appréciable. Elles ne peuvent appartenir qu'à des petits propriétaires, cultivant par eux-mêmes et qui en tirent directement les profits.

En dehors de ces conditions tout exceptionnelles, on peut néanmoins, en choisissant bien son terrain, et surtout dans les plaines, faire l'application de la culture à la charrue, à laquelle nous attachons des avantages, ne serait-ce que celui d'économiser le temps. Quant à la diminution des frais comparés à ceux de la culture ancienne, j'y crois peu, parce qu'après les travaux opérés à l'aide de la charrue la main de l'homme est toujours nécessaire, et l'entretien d'un cheval, quand par ailleurs il n'est pas utile, est coûteux et absorbant.

Si, après ces observations, l'on veut cultiver à la charrue, il est essentiel d'établir, comme nous venons de le recommander, entre chaque ligne de plants que l'on étendra le plus possible pour éviter la multiplicité des tournants de la charrue, un espace plus large que l'espace laissé pour la plantation précédente ; en le fixant à 1 mètre 20, nous le croyons suffisant pour donner au cheval, chargé de la traction, un libre passage, et éviter, par un trop grand rapprochement, la brisure de la vigne.

Pour la mise en terre des plants, ce sont les mêmes procédés que précédemment, mêmes travaux préalables et mêmes travaux de culture pendant le cours de l'année, travaux qui consistent essentiellement, soit dans un cas soit dans l'autre, à tenir le sol entièrement dégagé d'herbes et dans un état constant de propreté.

DEUXIÈME ANNÉE.

Division du sol en ados ou planches. — Jusqu'à la deuxième année de plantation, le plant étant resté dans une végétation presque rudimentaire, à moins de terrains spéciaux, les soins à donner consistent en peu de chose et se bornent à diviser le sol par ados ou par planches partant de la partie supérieure et se dirigeant vers la partie inférieure, de manière à faciliter, par le creusement de la rèze, l'écoulement des eaux.

Taille. — Lorsque le moment de la taille sera arrivé, on ne touchera pas aux plants d'une faible végétation, et sur les plus forts, s'il y a deux pousses, on supprimera la plus faible, et la plus forte sera taillée à deux yeux.

Une taille faite de bonne heure, suivant certains auteurs (le comte Odart est de ce nombre), vaut mieux qu'une taille tardive. Mais les opinions sur ce point sont tellement controversées et appuyées, chacune dans son sens, par des raisons également bonnes, quoiqu'inverses, qu'il est difficile, d'après ces deux systèmes, de se faire une idée de leur mérite. Il vaut mieux avouer que l'avantage de chaque système ne peut être établi qu'après vérification, chaque année, des conditions toujours changeantes de la température. Nous pensons néanmoins que l'époque normale de la taille doit avoir lieu dans le cours de l'hiver.

Remplacement de plants et binages. — Cette seconde année, il faudra remplacer, par des plants enracinés, ceux des plants de l'année précédente qui auraient péri, et agir avec les mêmes précautions que pour les plants de la première plantation ; puis entourer ces plants avec des engrais pour qu'ils puissent arriver en peu de temps au même développement que les plants qui ont réussi ; enfin faire les mêmes binages et sarclages que l'année passée, suivant la nécessité de la saison, et aussi donner les mêmes soins pour tenir le sol constamment net d'herbes.

TROISIÈME ANNEE.

A la troisième année de plantation, on exécutera les mêmes travaux qu'à la deuxième année, et on donnera les mêmes soins de propreté.

Taille. — A l'époque de la taille, on abattra complétement tous les brins de sarment qui n'ont qu'une importance secondaire pour ne laisser sur le cep que les deux branches les plus importantes sur lesquelles doit s'opérer la taille l'année suivante ; ces branches seront rognées à deux yeux. Quelques-unes d'entre elles doivent donner déjà des fruits que le propriétaire peut cueillir à l'époque des vendanges, pour juger préventivement ce que sera la qualité et conséquemment l'avenir de ses vins.

QUATRIÈME ANNÉE.

La taille de la vigne, à sa quatrième année de plantation, est la taille normale pour toute la durée de son existence. Il devient donc essentiel, en vertu de ce principe, d'y apporter toute l'attention possible et les soins qu'elle mérite à une époque aussi intéressante des phases vitales qu'elle est appelée à parcourir.

Malheureusement la première année de ma plantation, ayant eu à subir les effets d'un orage des plus violents, qui a déraciné une notable partie des plants mis en terre un mois auparavant, et des gelées ayant brûlé, au printemps suivant, les pousses les plus avancées de ma vigne, je n'ai pas été mis à même de reconnaître dans toute sa vérité ce grand principe fondamental.

Installation de piquets et échalas. — Toutes les dispositions qu'il y aurait lieu de prendre, suivant le docteur Guyot, pour assurer, dans la quatrième année, une marche certaine à la vigne, consisteraient à installer les piquets avec fils de fer, les échalas, et à se livrer à une quantité d'autres travaux, tels que le paillassonnage, etc., trop dispendieux pour la sphère dans laquelle nous agissons, et que je ne conseillerai pas. J'en remets l'examen à l'année suivante, naturellement plus productive de sujets d'observation.

Taille. — Je me suis borné pour la taille, la quatrièmè année, à une taille d'expectative, en laissant à chaque pied, afin d'avoir mieux à choisir, trois branches à deux nœuds, après avoir abattu toutes les autres pousses, afin de donner aux ceps une forme d'ensemble qui facilitera la taille que j'aurai à leur faire subir l'année suivante.

On procédera de la même manière que les années précédentes pour les travaux de binage et de sarclage, de manière à préserver la vigne de toutes plantes qui pourraient lui être nuisibles.

Fumure. — Comme les travaux de fumure, pour avoir des produits abondants, doivent se faire tous les trois ans, nous conseillerons de graisser pour la première fois pendant la quatrième année.

Cette opération, qui doit avoir lieu au mois d'avril, par des temps secs, se fait au moyen de fosses, appelées *ragannes* dans le pays, creusées avec la pelle entre chaque cep, dans la direction des lignes biaises au lieu des lignes longitudinales de la vigne, de manière à ne pas dépasser la profondeur des rèzes; ces fosses doivent alterner entre elles, afin qu'il y ait toujours la moitié des racines qui ne soient pas découvertes de terre.

Le fumier à donner à la vigne est très-varié; il se compose de bien des espèces. Le meilleur, selon moi, est celui qui provient directement des étables, ou bien qui est mêlé avec des composts.

Les composts seuls, dit-on, ont le mérite de ne point dénaturer la qualité du vin; mais comme la quantité, aujourd'hui, en raison de la grande consommation, donne seule des profits, sauf pour les crus exceptionnels, c'est vers la quantité que tout cultivateur intelligent et sérieux doit surtout diriger ses vues. Il donnera conséquemment sa préférence aux fumiers directs, essentiellement plus chargés de matières organiques.

On pratiquera les mêmes bêchages, mêmes sarclages que les années précédentes, mêmes épamprages et soins aussi assidus pour l'état constant de propreté de la vigne.

A la quatrième année de plantation, la vigne est dans un état de rendement déjà très-appréciable. On en cueillera les fruits et on les mettra au pressoir.

Dans les 28 ares que j'avais cultivés, j'ai obtenu, trois ans après celle de la plantation, quatre hectolitres de vin, et j'en aurais fait bien davantage si la vigne n'avait pas éprouvé, comme je l'ai déjà dit, des accidents terribles qui l'ont mise en retard de deux ans.

Ces vins étaient d'une bonne qualité, surpassant toutes mes espérances, précieux avantage qu'ils n'ont pas conservé longtemps ; cinq ans après en effet, ils étaient à l'état de décrépitude. Mais je ne puis attribuer ce résultat qu'à l'âge du plant, pas assez développé pour produire un vin de conservation.

A l'année suivante, beaucoup plus féconde en résultats de toute espèce, j'indiquerai la manière de faire le vin.

CINQUIÈME ANNÉE.

La vigne, à sa cinquième année de plantation, devant atteindre une grande partie de sa plénitude de production, on peut la considérer comme rendue à son état adulte.

Voici les moyens que j'ai employés pour la taille de cette année et qui ont déterminé d'une manière définitive la direction que j'avais désormais à donner à ma vigne.

Taille. — Branches équilatérales. — Au lieu de laisser, comme aux années précédentes, les jeunes sarments se reproduire sous des formes encore indécises, je les ai fait tomber tous au rez de la jeune souche, ne laissant au pied que les deux qui me parurent les mieux disposés pour le genre de taille à laquelle je croyais devoir les destiner. Ces deux branches, rognées à leurs extrémités, furent ensuite abaissées horizontalement, suivant une ligne parallèle au sol, à une hauteur de 25 à 30 centimètres, et fixées à chaque bout par un petit piquet en bois, auquel elles furent attachées.

Cette taille, encore incertaine à cette époque, n'était d'abord qu'à l'état de transition ; mes idées n'étant pas bien fixées, je ne savais si je devais admettre la méthode de la branche à bois et de la branche à fruits, si préconisée, surtout comme un stimulant très-actif pour tout plant qui a besoin d'être poussé à la production, ou si je devais tailler à courts bois.

Ce n'est que quand M. Jules Guyot eut passé à la Caillère, le 25 avril 1865, lors de sa tournée dans le département de la Loire-Inférieure, que, d'après ses conseils et la vigoureuse végétation de ma vigne, je me suis décidé à suivre ce système à branches équilatérales, applicable à toutes les vignes d'une robuste constitution.

Installation des supports en pierre avec fils de fer. — L'année suivante, c'est-à-dire dans la sixième année seulement, pour rendre l'application de ce procédé plus durable, je plaçai au bout de chaque rang de vigne des supports en pierres schisteuses ardoisières, auxquels furent attachés les cordons en fils de fer galvanisé destinés à fixer les deux branches à fruits lors de la taille, et les nouveaux sarments qu'elles devaient produire. Cette installation a pour avantage de mettre plus facilement les grappes de raisins en rapport direct avec les rayons solaires, ces grands agents de la maturation, et de fournir au palissage des moyens faciles. Cette manière de tailler et d'assujétir la vigne n'a rien de nouveau; c'est la même que celle qui est pratiquée pour les vignes en cordons d'espaliers. Seulement, comme chaque plant est placé à la distance d'un mètre de celui qui le précède ou le suit dans le même rang, et chaque branche ne pouvant, de chaque côté, avoir qu'un développement de 50 centimètres, malgré le raccourcissement que la taille lui a fait subir; il devient essentiel, lorsque les extrémités de deux branches seront sur le point de se rencontrer, de rabattre tout vieux bois de la plus longue jusqu'à la rencontre de la nouvelle branche poussée dans l'année, la plus rapprochée de la souche et la plus propre, par sa disposition et la vigueur de son bois, à la remplacer; on donnera à cette dernière une dimension de 15 à 20 centimètres seulement. Si les branches de chaque pied venaient à se rencontrer et à se croiser, ce serait alors une condition compromettante pour la bonne condition de la vigne et qui, ensuite, par trop de confusion, pourrait nuire à son succès.

Les frais d'installation pour 28 ares de terrain peuvent être évalués au plus à la somme de 300 francs. La durée en est indéfinie, si on veut prendre le soin d'entretenir l'installation. Dix à quinze francs par an suffiront amplement à cet entretien (1).

---

(1) Voici ce que disait, en 1865, un journal de la localité, en parlant de cette plantation, qui avait alors le mérite de la nouveauté uni à celui de l'utilité.

« Une commission composée de cinq membres de la Société d'horticul-

Installation des échalas. — Si l'on renonce à installer ces supports avec des fils de fer, en raison des frais

---

ture, s'est rendue dimanche dernier, sur la demande qui lui en a été faite, au domaine de la Caillère, situé commune de Bouguenais, près Nantes, pour constater l'état de culture et de produit d'une nouvelle espèce de plants de vigne qui, selon le propriétaire, doit remplacer avec avantage les vieux cépages du pays, dont la qualité des vins et leurs bas prix menacent de n'être plus en rapport avec les frais de culture et de vinification.

» C'est en choisissant ce plant dans les parties de la France où le climat est le plus en rapport avec le nôtre, en s'attachant à des espèces productives et surtout d'une supériorité reconnue, s'accommodant de notre sol et bravant toutes les variations atmosphériques auxquelles nos contrées sont souvent exposées, qu'il pense arriver à ce résultat.

» Comme spécimen en ce genre, il a cru rencontrer, suivant les bonnes recommandations qui lui ont été faites par des personnes instruites et d'une pratique aussi éclairée qu'intelligente, dans le *Gamay Magny* les qualités essentielles qu'il lui fallait pour résoudre un jour, par un fait pratique devant lequel doit cesser toute objection, cette grande question si intéressante pour notre pays vinicole. »

On nous remet à ce sujet la note qui suit :

« L'espèce dont il s'agit, issue en 1820 du plant Labronde, est cultivée dans le Bas-Beaujolais, dans la commune de Ligny, de Saint-Véran et autres communes environnantes, arrondissement de Villefranche (Rhône).

» Elle appartient à cette nombreuse famille des *Petits Gamays*, si connue par la production de ses vins rouges qni ont acquis, sous la dénomination de « *vins de Beaujolais,* » une réputation méritée comme vins d'alimentation, essentiellement hygiéniques, d'une assimilation facile et d'un goût agréable à la fois.

» Le nom de ce plant vient sans doute du nom de son obtenteur, qui a su distinguer et apprécier ses rares et précieuses qualités, qu'on peut traduire ainsi :

» *Fertilité.* — Remarquable, constante et régulière ; un hectolitre par are de surface de vigne.

» *Rusticité.* — Insensible aux gelées du printemps, par la faculté et des soins que cette méthode occasionne, il faut suivre alors naturellement celle pratiquée dans le Beaujolais.

---

d'en réparer les dégâts au moyen des sous-yeux qui se transforment en bourgeons anticipés pour devenir pampres fructifères.

» *Sobriété.* — Demandant peu de fumier et s'accommodant de terres peu riches ou peu profondes, ce qui lui fait donner, dans le pays où il est cultivé, le nom de « *Roi des petits terrains.* »

C'est en présence de la réalisation d'aussi heureuses espérances que le propriétaire de ce vignoble, récemment planté, est venu solliciter de la Société d'horticulture une attention toute spéciale sur la nature de ce nouveau produit.

En attendant le rapport de la commission, nous pouvons assurer, d'après des renseignements dignes de foi, que si le propriétaire de ce petit vignoble s'est attaché à un plant d'un ordre comparativement supérieur, produisant de beaux et bons fruits d'une coloration magnifique et d'une saveur agréable, il a aussi su le conduire, suivant la méthode intelligente du docteur Guyot qui a visité la propriété, et s'est astreint surtout à prendre des dispositions remarquables d'installation, en plaçant symétriquement des deux côtés, au bout de chaque rang de vignes, des supports en pierres schisteuses auxquels sont fixés les cordons en fils de fer galvanisé qui soutiennent les branches de palissage, et en mettent les fruits, au moyen de l'épamprage, en rapport direct avec les rayons solaires.

Il est difficile de trouver, en plein champ, une vigne plus propre, plus soignée, plus heureusement conduite et présentant un aspect sous des formes plus attrayantes et plus fécondes, puisqu'après la quatrième année d'existence, le propriétaire de ce vignoble espère en tirer plus d'un demi-hectolitre de vin par are.

Nous ne pouvons qu'engager toutes les personnes qui s'intéressent à la viticulture et à ses progrès à visiter cette plantation vraiment remarquable, qui compte 2,500 plants de l'âge de 2, 3 et 4 ans. Nous sommes assurés à l'avance que le propriétaire montrera, lors des visites qui lui seront faites, toutes les complaisances que l'on peut attendre de lui, et qu'il s'empressera de répondre aux demandes de renseignements et aux observations qui lui seront adressées dans l'intérêt de la science et de l'agriculture.

(*Phare de la Loire,* du 4 septembre 1865)

Elle consiste à se servir, la troisième ou la quatrième année, d'échalas, sortes de piquets en bois d'une longueur de 1^{m},50 à 2 mètres, enfoncés en terre au pied de chaque pied, à une profondeur de 30 à 35 centimètres. Mais il faudra changer conséquemment la taille, en abattant alors, comme à la taille précédente, au rez de la souche, tous les sarments, et en ne conservant pour cette quatrième année que les bois les mieux disposés à prendre la forme d'un gobelet, en rabattant ces branches de premier établissement à deux yeux, se réservant le droit pour les années suivantes, de les porter à quatre ou cinq, suivant que le sujet, soumis à cette expérience, peut paraître répondre convenablement à cette nouvelle condition.

Quand plus tard, dans l'année, les nouveaux sarments ont surgi et qu'en raison de leur longueur ils s'inclinent d'eux-mêmes vers le sol, il est convenable de les réunir en faisceaux au moyen des échalas que nous avons indiqués ci-dessus, en les fixant à leurs extrémités avec un brin d'osier ou de jonc, suivant la résistance ou la force de la végétation.

Dans le Beaujolais, ces échalas sont retirés du sol la huitième année de plantation, et la vigne, pour se soutenir, est abandonnée à ses propres forces ; alors on attache les souches deux à deux par le sommet des pampres.

Cette opération, qui n'a d'autre mobile que d'éviter des frais d'entretien trop prolongés, est contraire à la physiologie de la vigne qui, en raison de ses rameaux longs et flexibles, a besoin d'être soutenue. Sans tuteurs, la pousse des pampres diminue rapidement et devient trop faible, et la fructification se réduit dans la même proportion, en raison de la coulure et de la pourriture à laquelle le raisin est plus exposé. D'après ces observations, qui nous ont été fournies par un des hommes les plus capables de les recueillir, nous conseillerons à tout planteur qui fera usage des échalas de les replacer tous les ans dans la vigne ; les frais, quels qu'ils soient, résultant de cet entretien continuel, seront bien moins grands, selon nous, que la perte qu'occasionnerait à la récolte l'enlèvement des tuteurs, la huitième année.

Béchage et binage. — Les béchages et binages sont les mêmes que ceux des années précédentes ; nous les recommandons toujours dans la même proportion. Point de ralentissement ; c'est de ces soins sans cesse répétés que dépend le succès de la récolte, si elle n'est pas, avant tout, altérée déjà par des causes atmosphériques ou autres incidents aussi dangereux qu'impossibles à éviter.

Palissage. — On opère le palissage des nouvelles branches, en les fixant par leurs extrémités au cordon supérieur de fils de fer galvanisé au moyen d'un ligament, soit de fin osier, soit de jonc.

Rognage. — Nous nous dispenserons, jusqu'à nouvel ordre, de conseiller le rognage. Après l'avoir essayé pendant plusieurs années, nous avons constaté qu'il n'a produit que des effets contraires à la végétation, en rendant les sarments moins vigoureux et moins longs. C'est du moins à cette cause que nous attribuons le développement plus chétif de notre vigne observé pendant les années où nous avons pratiqué le rognage, sans néanmoins affirmer d'une manière absolue qu'il a été la cause de ce trouble survenu momentanément dans la végétation. Le rognage, en diminuant la longueur des sarments, a encore l'inconvénient de nuire à leur vente qui, jusqu'à de plus nombreuses plantations dans le pays, peut produire un revenu au moins égal au huitième de celui résultant de la production des fruits. Le domaine de la Caillère ne peut fournir à toutes les demandes qui lui sont faites; cette année, il y aurait eu vingt milliers de crossettes de plus, qu'on était assuré de les placer.

Epamprage. — Cette opération doit avoir lieu avant la maturité des raisins, qu'elle favorise d'une manière incontestable.

Ce serait aussi l'année de graisser la vigne, car pour avoir de fortes récoltes, dans le Beaujolais on graisse tous les trois ans; mais, comme la vigne est encore si près de ses premières phases de végétation qui ne sont pas très-absorbantes, nous remettons à l'année suivante à parler de la fumure.

L'espèce de plant que nous préconisons, à la cinquième année de plantation, ayant atteint presque la plénitude de son produit, il est est bon d'indiquer de quelle manière se fait la récolte de ses fruits et les procédés à suivre pour en faire du vin.

Cuves et vaisseaux vinaires. — Avant d'arriver à ce détail, le viticulteur aura le soin de se munir des cuves ou cuviers pour la macération des raisins et des vaisseaux vinaires pour contenir le liquide obtenu à la suite du foulage et de la pression du fruit.

Dans le Beaujolais, on emploie, pour les vignobles d'une grande importance, des cuves pouvant contenir de vingt à trente hectolitres : elles sont une des gloires que les riches propriétaires attachent à leur domaine. Ces cuves sont faites en bois de cœur de chêne de premier choix. J'en ai vu au château de la Garde, appartenant à M. Jacquier de Vacheron, qui ont jusqu'à cinq centimètres d'épaisseur de douves; mais ici pour commencer, et dans les essais que nous tentons, nous sommes loin d'avoir besoin, pour le moment, de pareilles contenances. Si l'on veut suivre mon exemple, j'indiquerai que pour la macération des raisins provenant de la surface de terre que j'ai plantée en petit Gamay, et qui est moindre d'un demi-hectare, je me suis servi de grosses pièces connues sous le nom de demi-muids qui avaient contenu des vins du Midi de la France; elles sont faites en beau et bon bois de chêne et cerclées avec du feuillard d'une longueur et d'une épaisseur suffisantes pour en assurer la durée. Ces cuves ont été, par moi, défoncées d'un bout, et le fond détaché et composé de plusieurs douves, a été consolidé au moyen de deux poignées en même bois pour faciliter l'enlèvement chaque fois que, dans l'opération du cuvage, on a besoin de s'en servir.

Les pièces ainsi converties en cuves sont d'une contenance de cinq cent cinquante litres. Deux suffisent pour contenir la quantité de raisin nécessaire au remplissage de trois barriques de vin. Je les ai payées 15 à 20 fr. chacune ; en ajoutant à ce prix 4 francs pour les deux poignées, on atteindra le prix de 24 fr., que chacune d'elles m'a coûté.

Leur nombre, qui ne doit pas être un embarras dans les bâtiments de l'exploitation viticole, peut cependant être porté jusqu'à quinze, représentant une contenance de vingt à vingt-et-une barriques de vin. Au-delà de ce nombre, pour épargner l'espace, il est convenable de faire exprès établir de plus grandes cuves, bien moins encombrantes et dont l'usage, pour la qualité du vin, sera aussi préférable.

Quelle que soit l'espèce de ces cuves, grandes ou petites, elles devront toutes être percées à leur extrémité inférieure, d'un trou circulaire destiné à recevoir la clef en métal ou le bondon en bois par où doit s'opérer le décantage qui précède la mise en tonneaux. Afin de rendre cette opération facile, il faut élever chaque cuve à trente centimètres au moins au-dessus du sol.

Les barriques destinées à contenir le vin devront être en bois neuf ou fraîchement vides de vin et de bon goût ; en vieux fûts, on s'expose à voir les vins se gâter.

Pressoirs. — Quant aux pressoirs, nous n'entrerons dans aucun détail, parce que nous croyons nous adresser à des viticulteurs déjà pourvus de cet instrument ; autrement, nous engagerions ceux qui n'en auraient point à s'adresser à des fabricants de Nantes, qui leur fourniront des pressoirs pour toutes les quantités de vendanges qu'ils auront à presser et à des prix proportionnels à leur importance.

Il est à propos de faire remarquer qu'avec les moyens de puissance des nouveaux genres de pressoirs, la pression complète est presque instantanée : on peut donc, par des opérations multipliées et successives, suppléer au peu de capacité d'un petit pressoir dont l'effet pourrait alors être restreint à une faible quantité de vendange.

Vendanges. — Les moyens que j'ai employés pour la vinification du vin rouge, la seule espèce dont nous nous occupons, je les ai trouvés presque tous consignés dans l'ouvrage ayant pour titre : *Culture de la vigne et vinification*, rédigé par le docteur Jules Guyot, dont le mérite est suffisamment connu.

Voici en quoi consiste cette méthode aussi simple que facile, telle qu'elle est pratiquée dans le Beaujolais, qui livre à la consommation, aujourd'hui que les voies de communication sont faciles, une grande quantité de vins si agréables au goût et si appréciés des gens qui les connaissent.

Quand le raisin est arrivé à une maturité uniforme ou qu'il n'existe plus ou presque plus de grains d'un rouge clair, on le cueille dans la vigne et on le dépose avec précaution dans des récipients (*portoires* dans le pays), de manière à ce qu'il soit écrasé le moins possible. Quand tout le raisin est cueilli, et versé dans le pressoir, on le fait fouler à pieds-nus ou au moyen d'un fouloir, sans écraser le pépin qui est nuisible au vin, en ce qu'il contient des huiles grasses et des matières albumineuses à l'excès.

Cuvaison. — Cette première opération terminée, on

fait transporter la vendange dans les cuves disposées à l'avance dans le cellier, et en nombre proportionné à l'importance de la vendange. On remplit ces cuves aux quatre-cinquièmes de leur contenance, laissant un vide de un cinquième, pour le marc qui, par suite de la fermentation, monte au-dessus du liquide et qui sortirait de la cuve si on n'avait pas eu la précaution de lui réserver une place vide pour le loger.

Pendant les vingt-quatre premières heures de la cuvaison, le vin reste muet, ou du moins la fermentation ne se fait sentir que par un faible bruissement presque insensible à l'oreille. Le deuxième jour, elle croit sensiblement et elle arrive (sans que ce soit une règle invariable), le troisième jour, à se manifester par un bruit tumultueux. Quand la fermentation est rendue à son apogée, c'est alors qu'il faut refouler dans la cuve la vendange (dont la raffle a monté à la partie supérieure) de manière à rendre cette vendange à l'état où elle se trouvait en sortant du pressoir. Dans les grands vignobles du Beaujolais, le refoulage se fait avec les pieds, mais dans des essais comme ceux-ci et dans des petites cuvées de cinq à six hectolitres, il s'opère au moyen d'un refouloir en bois. Le cinquième jour semble pour ainsi dire consacré à une fermentation ascendante et décroissante semblable à la précédente, mais moins active, et le sixième jour, lorsque la fermentation est sur le point de cesser, c'est alors qu'il faut procéder au décantage, en égalisant le jus du raisin, sorti des cuves, dans chaque tonneau placé à l'avance sur des tins, à l'endroit qu'il doit occuper dans le cellier.

Quand le décantage est fait, on soumet le marc ou raffle à l'action du pressoir, et on en extrait le jus, qui est également réparti entre les tonneaux.

Ces résultats de fermentation, qui sont ceux que j'ai obtenus à la Caillère en 1865, ne sont pas identiquement les mêmes pour toutes espèces de cuvées; la durée de la cuvaison varie plus ou moins, suivant les années, le degré de température et l'époque où les vins sont faits.

Dans tous les cas, quelles que soient les variations de temps et la maturité des raisins, l'essentiel, pour se résumer, est de fouler toute la vendange au même instant, c'est-à-dire simultanément ; de la déposer dans des cuves et de suivre attentivement le mouvement ascensionnel de la fermentation jusqu'au point le plus élevé, alors qu'il devient tumultueux; le suivre encore à sa période décroissante, et avant qu'il soit rendu à la dernière extrémité d'existence; refouler la vendange; suivre pour cette seconde opération les mêmes procédés que la première fois et décanter avant que la dernière fermentation ait cessé, c'est-à-dire que le vin soit froid; pressurer le marc ou raffle et mettre en tonneaux par égale quantité.

Tout producteur de raisins qui voudra s'astreindre à suivre strictement ces moyens de vinification sera sûr de réussir, non pas pour donner à son vin une qualité que l'année peut lui refuser, mais pour en tirer le meilleur parti possible.

Caves et celliers. — Une cave bien organisée, avec des murs en bonne et épaisse maçonnerie, nous semble être le lieu le plus convenable pour loger le vin et le laisser accomplir paisiblement ses phases améliorantes, qui font la qualité.

Mais, comme à la campagne, où est situé le lieu de l'exploitation, il n'existe pas toujours, sous la maison d'habitation, un sous-sol bien disposé pour faire une cave telle qu'on peut la désirer, on doit à défaut, surtout pour une culture peu étendue, se borner à employer un cellier plus facile à trouver dans les constructions anciennement établies dans notre contrée: bâtiment que l'on appropriera suivant les exigences du vin, en préservant surtout l'intérieur du cellier des excès de la température ambiante; afin de laisser toujours le vin dans un milieu où il n'aura à craindre ni les grandes chaleurs ni un grand froid.

Si l'on construit un bâtiment neuf, voici les conseils que nous donnerons.

On devra faire la construction avec des murs en maçonnerie suffisamment épais pour s'opposer surtout à la pénétration de la chaleur, l'ennemi le plus dangereux du vin. Elle devra être divisée en deux parties, l'une destinée aux vins vieux qui demandent de la tranquillité et à être constamment privés de tout contact avec le dehors, et l'autre partie pour les vins de l'année, plus exposés à des manipulations nombreuses.

Ce bâtiment aura l'importance que voudra lui donner le propriétaire, en raison de la quantité de ses produits. Nous lui recommandons toutefois d'être sobre dans ses ouvertures et de les réduire aux proportions les plus petites.

La toiture du cellier (c'est une condition très-essentielle que nous recommandons) devra être faite avec des tuiles, parce que la surface qu'elles représentent absorbe moins la chaleur des rayons du soleil que l'ardoise.

Ces tuiles, au lieu d'être placées sur un lattis en planches, seront posées sur des barasseaux en bois fortement imprégnés de terre argileuse, de manière à former une couche au-dessus, sur laquelle ces tuiles seront appliquées, et une couche au dedans entre chaque chevron, afin de rendre la couverture la plus compacte possible.

Je crois devoir insister pour qu'on prenne ces précautions, parce que, faute d'un cellier convenablement établi, j'ai été victime de la chaleur qui, une année, a perdu ma récolte, ou du moins lui a donné une légère acidité qui lui a enlevé une partie de sa qualité et a réduit considérablement le prix du vin.

Ouillages. — Les barriques qui contiennent le vin doivent être remplies souvent, de manière à être constamment pleines, et éviter surtout les *fleurettes*, espèce de maladie qui altère la qualité du liquide. C'est en tenant les barriques constamment pleines que l'on préviendra cette maladie et d'autres aussi, beaucoup plus préjudiciables.

Soutirages. — Le vin, dans la première année, devra être soutiré deux fois. Ce nombre nous paraît suffisant. Le premier soutirage aura lieu dans le courant de mars; le second avant les vendanges suivantes.

Pour les autres années, on se bornera à un seul soutirage; un plus grand nombre affaiblirait le vin et lui enlèverait sa couleur.

Nous recommandons toujours les ouillages, afin de tenir les tonneaux constamment pleins.

Mise en bouteilles. — La mise en bouteilles a lieu la seconde année, c'est-à-dire dix-huit mois après la vinification, ou quelques mois plus tard. Mais les vins n'ont rien à gagner à attendre plus longtemps.

Pour boucher les bouteilles, on se servira de l'instrument à levier, dont la force est suffisante pour l'introduction des bouchons de fortes dimensions.

Ces bouchons devront être de bonne qualité, surtout si les vins sont destinés à être gardés quelque temps.

L'expérience semble démontrer que les vins de nos plants n'ont pas une très-longue existence, et qu'après huit ou neuf années de bouteille, ils entrent dans la période de dépérissement.

Produits du sol. — Pour avoir la preuve de ce que le sol peut produire comme revenu d'après les nouvelles plantations et les moyens de culture que nous venons d'indiquer, on ne peut se baser que sur les faits déjà réalisés ; tout calcul théorique serait impossible ; nous allons demander ce renseignement pratique au domaine de la Caillère qui peut nous le fournir facilement au moyen de son journal, tenu avec régularité.

Si nous donnons ici le produit des vignes anciennement cultivées dans la localité, c'est uniquement pour fournir, quant à leur rendement et à leurs prix, un point de comparaison avec les nouveaux cépages que nous introduisons et en tirer les indications qui semblent être favorables aux plantations que nous conseillons.

PRODUIT DU SOL EN 1865.

Vin muscadet :	30	Barriques de 2 h. 30 litres, à 16 fr. 50 chaque, nue....	F. 495 »
		A DÉDUIRE :	
		Une barrique 1/2 pour ouillage.	23 57
TOTAL	30	Barriques, soit net (1)......	F. 471 43

Vin Gamay :	10	Barriques *vin rouge,* vendues 85 fr. chaque...........	F. 850 »
	1	Barrique de vin non cuvé...	30 »
		TOTAL..........	F. 880 »
		A DÉDUIRE :	
		11 fûts vides à 10f. F. 110 »	
		2 barriques pour ouillage et soutirage pendant deux années, à 85 fr......... 170 »	292 »
		Au tonnelier, 4 soutirages à 30 cent. chaque, pour dix barriques........ 12 »	
Gamay Magny	11	Barriques, soit net........	F. 588 »

Avec les résultats ci-dessus, établis pour chaque espèce de vin, on est conduit aux déductions suivantes.

(1) Nous ne croyons pas utile de faire figurer ici, comme objet de comparaison, le vin gros plant, la seconde qualité de nos vins, parce

RÉSULTATS COMPARATIFS.

Vin muscadet.

Le produit du vin provenant de plants de muscadet, se répartissant sur une contenance de un hectare 60 ares, est de 30 barriques de vin, de 2 hectolitres 30 litres, ou 69 hectolitres.

Un are donnera alors, suivant règle proportionnelle, 43 litres.

Soit en argent, à raison d'un revenu de 471 fr. 43 c., pour un hectare 60 ares, par are...		F.	2 95
A DÉDUIRE :			
Contributions : 57 hectares que contient la propriété paient 570 fr., un are paiera	F. » 10		2 64
Façons : 4 ares 45 (l'hommée) coûtant 5 fr., l'are coûtera..........	1 12		
Fumure : 4 ares 45 coûtant 20 fr., soit pour un are 4 fr. 49 c., le 1/6, pour un an, sera de......	» 75		
Vendanges : L'hommée de 4 ares 45 produisant une barrique de vin, coûte 3 fr.; un are coûtera....	» 67		
PRODUIT NET de l'are en Muscadet.......		F.	0 31

Ou **trente-et-un francs** par hectare, en 1865, c'est-à-dire un revenu inférieur de beaucoup à celui d'un sol non planté en vigne.

---

que son goût vert et âpre le rend d'un usage impossible comme vin de table.

Cette espèce de vin ne peut servir dans la localité qu'à l'usage des

Vins rouges de Gamay Magny.

Le produit du vin provenant des plants de Gamay se répartissant sur une contenance de 28 ares est de 11 barriques de vin de 2 hectolitres 28 litres, soit 23 hectolitres 08 centilitres.

Un are, suivant règle proportionnelle, donnera alors 82 litres.

Soit en argent, à raison d'un revenu de 588 fr. pour 28 ares, par are..................		F. 21 »
A DÉDUIRE :		
Contributions : Les mêmes que pour les vins de la localité.........	F. » 10	
Façons : J'ai payé pour les diverses façons de béchage 60 fr., auxquelles il faut ajouter la taille, soit 40 fr., total 100 fr., ou pour un are................	1 »	
A reporter......	F. 1 10	F. 21 »

gens de la campagne et des ouvriers employés comme eux à des travaux rudes et grossiers. Leur goût peu délicat s'arrange facilement de cette boisson, suffisamment hygiénique pour soutenir ou réparer des forces épuisées par le travail.

D'ailleurs, ces vins ne sauraient être frappés, comme le muscadet, du poids de notre condamnation, parce que, d'une qualité neutre, ils peuvent être employés dans tous les mélanges des marchands de vin, ou pour la distillerie et la fabrique des vinaigres. A ce triple point de vue leur place est encore bien marquée dans le commerce, et, comme le cépage est très-productif, ils donneront toujours au viticulteur un produit rémunérateur et d'une vente facile.

Report..............	F. 1 10	F. 21 »
Fumure : Meilleure qu'aux vignes précédentes, au lieu de 20 fr., je la porte ici à 30 fr. pour 4 ares 45, soit pour un are, 6 fr. 74 tous les 6 ans, ou pour un an........................	F. 1 12	2 89
Vendanges : L'hommée de 4 ares 45 produisant une barrique de vin, coûte 3 fr., un are coûtera....	» 67	
Produit net de l'are Gamay Magny.......		F. 19 11

Ou **mille neuf cent onze francs** par hectare, tandis que le produit de muscadet n'est que de **trente-et-un francs** pour la même contenance.

Avec des renseignements aussi positifs et à l'exactitude desquels on peut ajouter foi, il est facile de voir à laquelle des deux espèces de vigne on doit donner l'avantage. La réponse jusqu'ici ne peut être douteuse. Non-seulement le vin provenant des plants de *Gamay Magny* l'emporte sur son compétiteur au point de vue du profit qu'il procure, mais encore du goût, de la saveur et de ses qualités bienfaisantes.

Le bas prix auquel se trouve porté, dans les tableaux qui précèdent, le vin de muscadet, résulte de ce que l'année 1865, dans laquelle il a été récolté, était une année de grande production ; et plus les années sont abondantes moins le prix de ce vin est élevé, en raison de son goût trop chargé d'un arôme qui ne convient pas à tout le monde, et de ce que, n'entrant pas, par cette condition, dans le commerce d'exportation, il est obligé d'être consommé dans le lieu seul de sa production.

Au contraire, le vin de Gamay, originaire du Beaujolais, comme ses auteurs aujourd'hui si connus, ne possédant aucun principe malfaisant, essentiellement hygiénique, se fait aux exigences de tous les estomacs : d'un goût suave et délicat, il est apprécié de tous les gens qui désirent une boisson saine, fortifiante et agréable. Comme vin de table ordinaire, il devient indispensable à tous les ménages qui ont le moyen de mettre 80 ou 100 fr. dans une barrique de vin, et en raison de tous ces motifs il est destiné à toujours trouver un écoulement facile et avantageux, même en dehors du pays ; par conséquent l'abondance de la production ne sera jamais de nature à avilir ses prix.

SIXIÈME ANNÉE.

On donnera à la vigne les mêmes façons de culture ; il y aura les mêmes soins à prendre pour le maintien de sa propreté.

Taille. — Je crois bon, cette année, à l'époque de la taille, d'augmenter les branches du premier établissement des plants qui n'ont pas été fixés sur des fils de fer, de manière à avoir quatre branches principales au lieu des trois laissées à la taille précédente. Lorsque les sarments auront atteint plus tard une longueur suffisante, si l'on veut éviter la dépense continuelle des échalas (ce que je ne conseille pas), le moment sera venu d'abandonner les plants à eux-mêmes, en ne leur donnant, comme on le fait dans le Beaujolais, d'autre appui que celui qu'ils peuvent se prêter mutuellement eux-mêmes, en croisant les sarments entre chaque cep, de manière à former une espèce d'arceau.

Il sera utile de faire des ouillages fréquents aux vins de la récolte précédente et à ceux de l'année, de manière à tenir les tonneaux constamment pleins.

SEPTIÈME ANNÉE.

Nombre de grappes à laisser à chaque pied. — Toutes les dispositions indiquées aux années précédentes sont répétées la septième année, dans le même ordre et avec les mêmes soins, surtout pour la propreté du sol. La seule différence à observer, serait relative aux fruits. On ferait bien de laisser, suivant la force de végétation, quatre à huit grappes la cinquième année, huit à douze la sixième année, douze à seize la septième, et seize à vingt la huitième année, par chaque cep.

Ces précautions, qui sont indiquées par un homme fortement autorisé, seraient toutes à l'avantage de la bonne constitution du pied qu'il faut ménager; néanmoins, si je m'étais borné à ne laisser, la cinquième année, que le nombre de grappes qui est indiqué ci-dessus, je serais loin et bien loin d'avoir obtenu les résultats que m'a offerts le rendement de cette année. Mais sans pousser la production des fruits aussi loin que je puis l'avoir fait, car ma vigne en a souffert, on peut cependant dire que l'on pourra, surtout pour le Gamay, d'une organisation essentiellement productive, quelle que soit la faiblesse de son bois, ne pas prendre essentiellement à la lettre ces conseils. D'ailleurs un propriétaire aura toujours bien de la peine à se décider à les suivre.

Si on a graissé la vigne la quatrième année de plantation, on devra, pour suivre la rotation de six ans en six ans, fumer cette année.

Les travaux à la pelle et la nature du fumier donneraient lieu aux mêmes observations qu'à celles indiquées pour la première année de graissage. Il convient toujours de faire ces travaux par un temps sec, autant qu'on le peut, car les variations de l'atmosphère et les pluies entravent bien des travaux utiles et amoindrissent les résultats qu'on était en droit d'en attendre.

HUITIÈME ANNÉE.

Parvenu à cet âge de la vigne, laissons la parole au maître, au docteur Jules Guyot; ceux qui l'entendront n'auront qu'à gagner à ce changement de langage; tout est si bien dit et si bien défini par lui :

« A la huitième année, dit-il, la vigne est arrivée à son
« état de perfection et sa production est dans sa toute
» puissance. Pendant vingt ans, à partir de cette année,
» la vigne, si on lui donne les amendements et les engrais
» nécessaires, maintient sa vigueur et sa fertilité dans
» tous les sols où elle n'a pas encore été cultivée; au-
» delà de trente ans, la fécondité peut décroître, et
» même s'éteindre sur certains sols, mais la période de
» production de vingt ans engendre des richesses telles
» qu'il n'est pas besoin de se préoccuper d'une éventua-
» lité toujours rare et que je crois impossible, si de bons
» soins et une nourriture suffisante sont donnés à la vigne
» avec régularité et persévérance.

» En tous pays de la zône septentrionale et aux pires » conditions du sol, la vigne est faite à huit ans. Sa cul- » ture, son entretien, ses produits sont normaux et les » dépenses qu'elle nécessite annuellement, sont à peu de » chose près les mêmes chaque année. »

Suivant ce que nous nous sommes proposé, ici semblerait s'arrêter notre tâche; mais pour arriver à une démonstration plus complète, en même temps plus affirmative, et corroborant tout ce qui vient d'être dit au sujet de la vigne et de la manière de faire le vin, nous avons voulu, après un laps de temps assez considérable, ajouter encore une année d'expérimentation à celles dont nous avons parlé.

L'année 1873 ayant été très-désastreuse en France pour une immense quantité de vignobles, au nombre desquels se trouve le nôtre, et ne donnant, par ce fait malheureux, aucun résultat régulier sur lequel on puisse s'appuyer, nous nous sommes reportés à l'année précédente 1872, beaucoup plus féconde en résultats.

Avec l'idée de rendre public, un jour, le compte-rendu de mes expériences, j'ai rassemblé, cette année, un grand nombre de matériaux que je ne possédais pas pour l'année 1865, cinquième année de ma plantation.

Ces renseignements, rangés par ordre de date et inscrits jour par jour, forment une espèce de journal que je crois utile de reproduire pour l'intelligence de ceux qui voudront bien me suivre dans mes explications et entrer dans la voie que je leur conseille. On me pardonnera la sécheresse de leur nomenclature; mais ici, je le crois, il ne s'agit pas de phrases plus ou moins harmonieuses; ce sont des faits et des chiffres qu'il faut grouper simplement.

DOUZIÈME ANNÉE. — 1872.

CULTURE ET TAILLE POUR UNE SURFACE DE 28 ARES.

Janvier	31.	Parure	4	Journées.
Mars	1er.	Taille	8	—
Avril	10.	Réparation aux fils de fer	1	—
—	17.	1er béchage	18	—
Mai	2.	2e béchage et binage	7	—
Juillet		Réparation aux fils de fer	2	—
—	8,10 & 12.	Palissage	5	—
—	22.	3e béchage	18	—
Sept. et oct.		Epamprage	3	—
		TOTAL DES JOURNÉES	66	Journées.

Que nous estimons, suivant le prix en usage dans notre localité, à quatre-vingt-dix-neuf francs.

VENDANGES.

Octobre 5. — MUSCADET.

Puissance gleucométrique .... 9 degrés 75

Octobre 7. — GAMAY MAGNY.

Puissance gleucométrique .... 10 degrés 25

Maturité. — Raisins complétement rouges-prunes sans exception; point de raisins pourris. Les grains généralement gros et développés, cédant facilement à la pression de la main.

Foulage et mise de la Vendange en Cuves.

Octobre	8.	Fermentation active.	— Gelée blanche la nuit.
—	9 et 10.	Fermentation active et croissante.....	—
—	11.	Mêmes observations	—
—	12.	Fermentation tumultueuse, rendue à son apogée......	—
—	13.	Fermentation décroissante, néanmoins sensible et incessante.	
—	14.	Refoulage à 5 heures du soir.	— Gelée à glace.
—	15.	2e fermentation faible.	
—	16.	Decantage, mise en tonneaux, à 6 heures du matin.	

Température à midi, 11 degrés.

D'après ce qui précède, on voit que l'opération de cuvage a duré, depuis la mise en cuves jusqu'à la mise en tonneaux, neuf jours et dix nuits. Si l'on veut revenir à la première opération que nous avons signalée à l'année 1865, on verra que cette dernière opération a absorbé trois jours et quatre nuits de plus que la première sous l'influence alors d'une température bien moins élevée que celle de 1865. Ce qui démontre, ce que nous avons déjà expliqué, que la durée de l'opération du cuvage est déterminée par l'action atmosphérique.

PRODUIT DU SOL EN 1872.

Vin muscadet :	10 Barriques 1/2 de 2 hectolitres 30 litres, 80 fr. la barrique, prix, avant la gelée......		F. 840 »
	A DÉDUIRE :		
	Pour ouillage, soutirage (1), 1 barrique 1/2 à 80 fr......	F. 120 »	238 »
	10 Fûts 1/2 à 11 fr. chaque.	115 50	
	Au tonnelier, soutirage....	2 50	
	10 barriques 1/2 au prix ci-dessus donnent, net........		F. 602 »

Vin Gamay :	8 Barriques 1/2 vin rouge à 80 fr. la barrique avant la gelée..................		F. 680 »
	A DÉDUIRE :		
	Ouillage et soutirage, 3/4 de barrique à 80 fr.......	F. 68 »	130 »
	8 Fûts 1/2 à 8 fr........	60 »	
	Soutirage......	2 »	
	8 Barriques 1/2 au prix ci-dessus donnent net.........		F. 550 »

(1) Nos vins blancs, fermentant dans la barrique même où on les a

RÉSULTATS COMPARATIFS.

Vin Muscadet.

Le vin provenant des plants de muscadet, avec une surface plantée en vigne de 1 hectare 50 ares seulement, cette année, a rempli, en 1872, dix barriques $^1/_2$ de 2 hectolitres 30 litres, soit 24 hectolitres.

Un are, suivant la proportion, a donc produit seize litres.

Un are de vigne, à raison de 602 francs pour un hectare 50 centiares, donne un revenu en argent de		F. 4 »
A DÉDUIRE :		
Contributions: comme à l'année 1865. F.	» 10	
Façons : à 5 fr. les 4 ares 45, par are.	1 11	
Fumure : 20 fr. pour 4 ares 45 et pour 6 ans, soit $^1/_6$ de 20 fr. par année	» 73	2 61
Vendanges : 3 fr. par 4 ares 45, soit pour un are	» 67	
PRODUIT net de l'are de muscadet		F. 1 39

Ou **cent trente-neuf francs** par hectare.

On doit concevoir facilement, d'après le détail ci-dessus, que le produit de un are de vigne de muscadet étant de

placés aussitôt après le foulage du raisin, donnent beaucoup plus de lie que les vins rouges qui ont cuvé.

quatre francs, et les frais pour atteindre ce produit étant de 2 fr. 61, la différence pour le propriétaire est, par are, de 1 fr. 39 c., ce qui donne 139 fr. de revenu par hectare.

Vin Rouge Gamay Magny.

A raison de 19 hectolitres 55 litres par 28 ares, un are donne un produit de 68 litres.

Un Are de vigne, à raison de 550 fr. par 28 ares, donne un revenu en argent de..........		**F. 19 65**
A DÉDUIRE :		
Contributions : comme à l'année 1865.	F. » 10	
Façons : suivant récapitulation exacte des frais, 66 journées à 1 fr. 50, coûtent 99 fr. pour 28 ares, soit pour un are	3 53	
Fumure : comme à l'année 1865, pour un are................	1 05	5 85
Frais de vendanges : si 4 ares 45 (l'hommée) coutent 3 fr. pour une barrique de vin, l'are coûtera.	» 67	
Installation des fils de fer, entretien et amortissement du capital de 300 fr. au bout de 20 ans, par are.	» 50	
PRODUIT de l'are de Gamay		F. 13 80

Ou **mille trois cent quatre-vingts francs,** l'hectare.

Différence énorme entre les deux produits, et qui

prouve, autant que celle constatée dans le premier tableau de 1865, les avantages d'un des cépages sur l'autre cépage (1).

---

(1) Les idées que je cherche à répandre partout ont trouvé déjà des adhérents nombreux, et, parmi eux, je ne puis me dispenser de citer M. Fleury, propriétaire du riche et beau domaine de la Drouétière (Mauves), homme de progrès autant que d'intelligence, qui a planté plus de cinq hectares de vignes en Petits Gamay du Beaujolais sur sa propriété.

Dans une année ou deux, si elles sont bien conduites, ces vignes produiront plus de cent barriques, au prix de 60 à 100 fr. la pièce, suivant année.

Il y a là, évidemment, une nouvelle et puissante source de richesse pour notre beau pays.

CONCLUSION

Telles sont les observations que, pendant le cours de plus de dix années, j'ai recueillies, sur la culture et la production de ce nouveau plant que j'ai cherché à introduire dans les vignobles du Département, en le substituant aux espèces anciennement cultivées, dont le produit, pour les causes que nous avons fait connaître, n'a pas de valeur d'exportation, et, surtout dans des années de grande production (voyez 1865), n'est pas assez rémunérateur pour défrayer le cultivateur, et même ne lui donne pas un revenu.

Si l'attention de ceux que la lecture de ce petit travail peut intéresser n'a pas passé légèrement sur les tableaux comparatifs qui précèdent, et si nos lecteurs ont bien voulu leur accorder la confiance qu'ils méritent, en raison de leur exactitude, ils auront dû y trouver la preuve de cette assertion que les vignes de muscadet sont désormais irrévocablement vouées à la ruine et doivent disparaître.

En effet, que peut-il y avoir de plus concluant, de plus positif que ces chiffres établis par la pratique, résultant de faits accumulés pendant un long cours d'années et sur lesquels on ne peut élever de discussion ?

N'avons-nous pas démontré que, dans des conditions de sol et d'atmosphère tout-à-fait identiques, pendant l'année la plus récente, 1872, et la moins défavorable à la culture du muscadet, l'espèce cultivée dans le pays depuis des temps séculaires, n'a donné qu'un revenu de *139 francs par hectare,* tandis que l'autre, nouvelle espèce, a donné un revenu de *1,380 francs par hectare*, c'est-à-dire un revenu DIX *fois* plus considérable?

De pareils résultats parlent d'eux-mêmes et ne doivent plus laisser de doute sur la supériorité et les avantages du Gamay sur le muscadet. Ils doivent servir en outre d'encouragement à toutes les personnes qui feront des efforts pour réaliser une semblable transformation, que nous croyons si profitable et si utile au pays.

On voudra peut-être objecter, comme on me l'a déjà fait sentir, surtout en présence d'une différence énorme entre les deux produits, que les deux plants mis en parallèle ne sont pas dans des conditions identiques de fumure, et que si l'un des plants produit plus que l'autre, c'est que l'engrais, ce stimulant le plus sûr pour augmenter le rendement de la vigne, n'a pas été absolument le même; et que, par suite, la différence qui existe dans les résultats pourrait bien provenir seulement de ce fait.

A cela nous répondrons que la fumure de mes deux vignes n'est pas si différente qu'on peut le supposer. Calculées sur la même durée de temps, les matières fertilisantes sont à peu près les mêmes, sauf cependant que celles employées pour la culture du Gamay Magny sont un peu plus chargées de matières organiques; mais, pour répondre par avance à cette objection, on remarquera que j'ai eu soin d'établir, dans les deux tableaux comparatifs, une différence des plus sensibles dans les dépenses qui figurent à l'article fumure, dépenses portées pour le

Gamay à 1 fr. 25 par are et par an, tandis que pour les muscadets la somme ne s'élève qu'à 0 fr. 73 pour la même surface et le même laps de temps.

Si cette observation ne suffit pas pour convaincre les personnes les plus incrédules, j'ajouterai, comme corollaire, qu'en élevant le produit de la vigne de muscadet à la même quantité que celui de la vigne de Gamay Magny, ce qui ne paraît pourtant pas possible pratiquement, on aura toujours néanmoins une différence énorme par hectare, en raison des frais sur une surface de terre six fois plus étendue et de la valeur du vin rouge, dont le prix est normalement plus élevé et dont la défaite est plus facile, surtout dans les années d'abondance.

Le prix de 80 fr. atteint par les vins de muscadet, en 1873, est un prix tellement exceptionnel qu'il ne peut servir de base. Au contraire, il forme le prix minimum que j'ai retiré de mes vins rouges, vendus souvent 100, 110 et même 130 fr. la barrique de deux hectolitres vingt-huit litres.

Qu'il me soit encore permis d'ajouter à ce qui précède quelques dernières lignes qui ne peuvent pas être sans intérêt pour la cause que nous soutenons.

Si l'opinion des personnes appelées déjà à juger le mérite de mes productions en *vins rouges,* et des principes de culture et de vinification que j'indique, peut exercer une influence sur l'opinion des personnes que j'ai encore besoin de convaincre, je dois faire remarquer, comme preuve nouvelle de leur supériorité, que ces produits ont obtenu, en différentes années, *quatre médailles d'argent* dans les concours agricoles régionaux qui ont eu lieu successivement : à Nantes en 1866, à Quimper en 1868, à

Angers en1869, et au concours du Comice central d'agriculture du Département, en 1873. Puis, lorsque ces vins n'étaient encore qu'à l'état rudimentaire, conséquemment avant toute production sérieuse, j'ai envoyé à l'Exposition universelle, à Paris, une série des diverses espèces de raisins que je cultivais alors, et dont une devait, un jour, être choisie de préférence. Et au milieu des nombreux exposants venus de tous les points du globe pour prendre leur part des récompenses dans ce gigantesque concours, j'ai été assez heureux pour obtenir une *mention honorable* pour mes raisins de cuve.

Maintenant, à moins d'entraîner ce petit traité de culture et de vinification en d'autres développements, que je veux éviter, je crois devoir borner ici le cours de mes explications.

Il ne me reste plus qu'à remercier ceux qui se sont rendus sympathiques à la lecture de cet opuscule trop rapidement écrit. Qu'ils reçoivent donc l'expression de toute ma gratitude, et s'il est quelqu'un d'entre eux qui croie que l'idée que je mets en avant n'a pas encore atteint la plénitude de sa maturité, qu'il veuille bien attendre un peu et ne pas déserter si vite le drapeau sous lequel il s'était enrégimenté : le jour n'est pas éloigné où le grand résultat que je crois avoir obtenu viendra briller de tout l'éclat de l'évidence.

Je serais trop heureux par ailleurs si j'avais pu convaincre quelque incrédule jusqu'ici, et le déterminer, par mes conseils, à se lancer dans la voie que j'ai suivie, en me faisant une concurrence que j'appelle de tous mes vœux, dans l'intérêt du pays.

TABLE.

4043 — Nantes, imp. Jules Grinsard, rue de la Fosse, 32.

www.ingramcontent.com/pod-product-compliance
Ingram Content Group UK Ltd.
Pitfield, Milton Keynes, MK11 3LW, UK
UKHW020952180726
13838UKWH00003B/1283

9 782329 315034